幼稚園數學
看圖學加減法①

何秋光　著

新雅文化事業有限公司
www.sunya.com.hk

系列簡介

　　本系列是何秋光從業 40 餘年教學成果的結晶，是專為 4 至 6 歲兒童研發的一套以加減法為切入點的數學遊戲益智類圖書。為了激發兒童對學習數學加減運算的興趣，本系列圖書從他們熟悉和喜歡的生活，以及小動物之間的情景出發，來表述數量之間的關係。這種賦加減數量於情景之中的應用題，可以喚起他們頭腦中有關加減情景的表象，符合學前兒童思維具體形象性的特點。

　　本系列把抽象的數位和符號具體化、形象化、兒童化、遊戲化，有益於兒童加深對數學概念的理解，提高其觀察力、判斷能力、推理能力、記憶力、空間知覺、概括能力、想像力、創造力等 8 大能力，同時也能為將來小學數學的學習打下堅實的基礎。

作者簡介

　　何秋光是中國著名幼兒數學教育專家、「兒童數學思維訓練」課程的創始人，北京師範大學實驗幼稚園專家。從業 40 餘年，是中國具豐富的兒童數學教學實踐經驗的學前教育專家。自 2000 年至今，由何秋光在北京師範大學實驗幼稚園創立的數學特色課「兒童數學思維訓練」一直深受廣大兒童、家長及學前教育工作者的喜愛。

四冊學習大綱

冊次 學習範疇	幼稚園數學 看圖學加減法 1 （4－5歲）	幼稚園數學 看圖學加減法 2 （4－5歲）
比較	• 多少、長短、高矮和次序的比較	―
加法運算	• 5以內加法運算 • 10以內加法運算	• 10以內連加運算
減法運算	• 5以內減法運算 • 10以內減法運算	• 10以內連減運算
加減法運算	• 5以內加減法運算 • 10以內加減法運算	• 10以內加減混合運算

冊次 學習範疇	幼稚園數學 看圖學加減法 3 （5－6歲）	幼稚園數學 看圖學加減法 4 （5－6歲）
比較	―	―
加法運算	• 看圖學20以內加法運算	• 看圖學20以內連加運算
減法運算	• 看圖學20以內減法運算	• 看圖學20以內連減運算
加減法運算	• 看圖學20以內加減法運算	• 看圖學20以內加減混合運算

目錄

▶ **請你按照下面的要求回答問題。**

有3隻小猴子，3個盤子，如果3隻小猴子每隻吃1個桃子，那麼小猴子下面的盤子裏應該各畫幾個桃子？請你畫出來。

有4隻小兔子，4堆紅蘿蔔，如果每隻小兔子想吃1個紅蘿蔔，那麼牠們應該選擇哪堆紅蘿蔔才剛好足夠？請你圈起來。

有5隻小貓，4盤小魚，如果每隻小貓想吃1條小魚，那麼牠們應該選擇哪盤小魚才剛好足夠？請你塗色。

▶ 請你分別把圖畫裏上下數量一樣多的東西連起來。

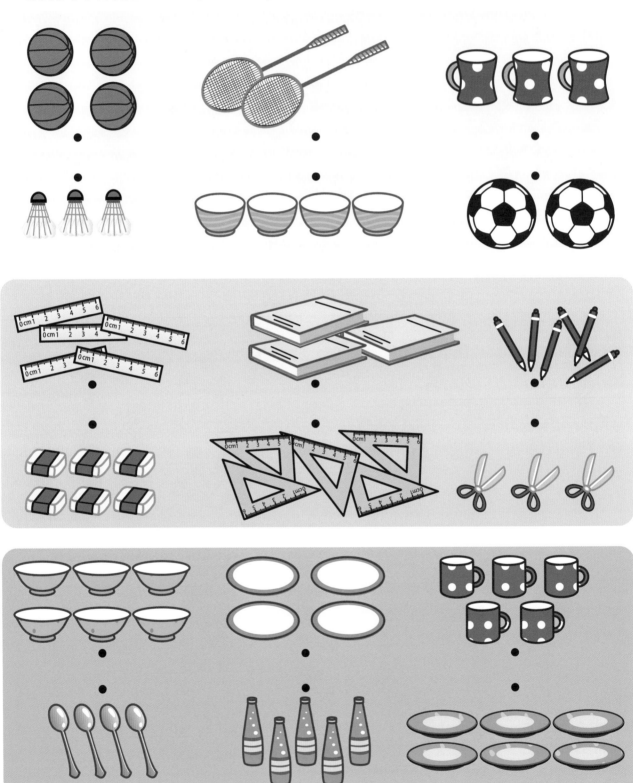

▶請你數一數哪排小動物較多，就在後面的格子裏畫圓形，哪排小動物較少，就在後面的格子裏畫三角形。

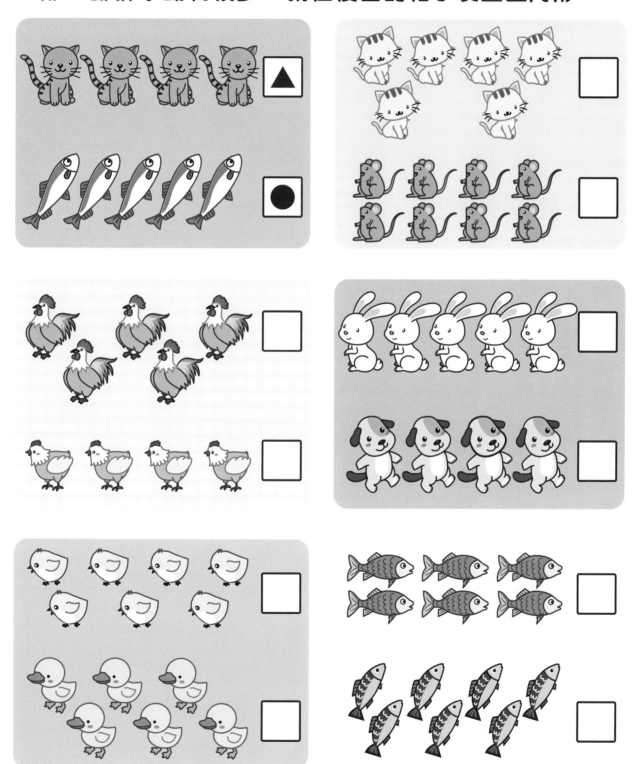

▶ 請你數一數哪排東西或者是小動物較多，就在後面的格子裏加「✓」。

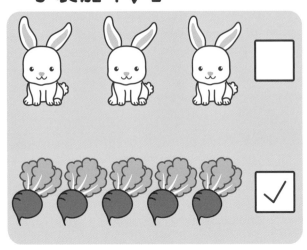

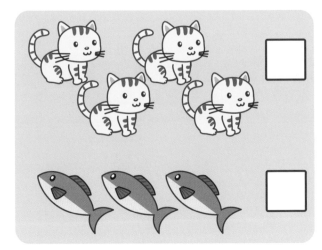

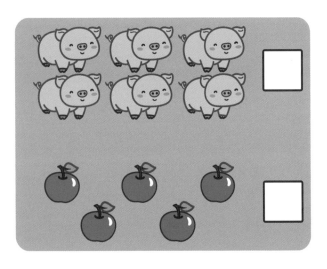

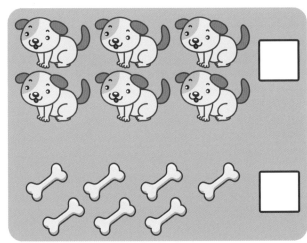

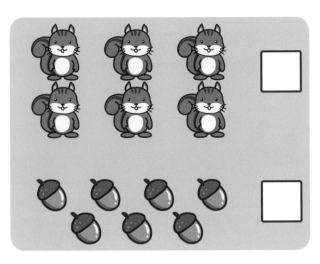

▶ 請你比一比，寫一寫。

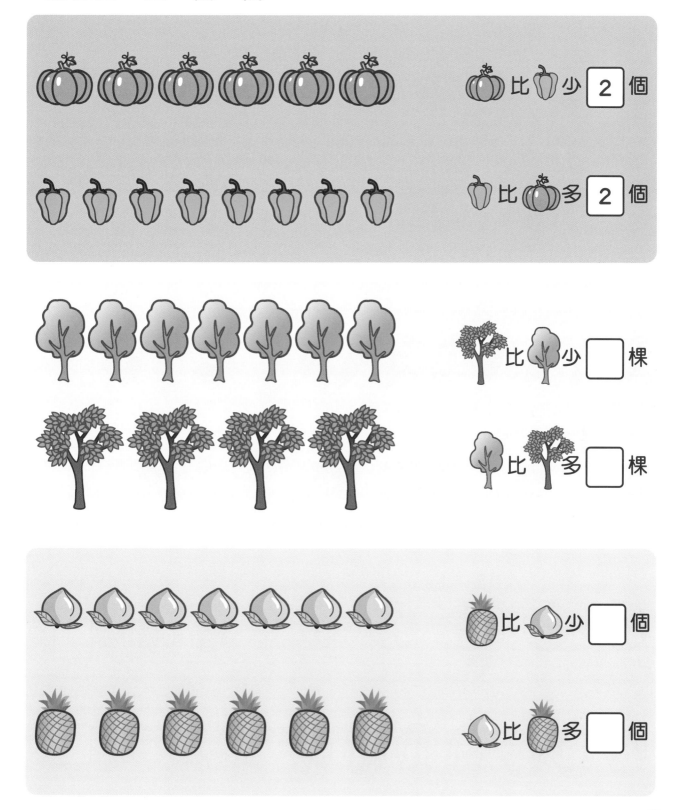

比 少 2 個

比 多 2 個

比 少 ☐ 棵

比 多 ☐ 棵

比 少 ☐ 個

比 多 ☐ 個

▶ 請你比一比，寫一寫。

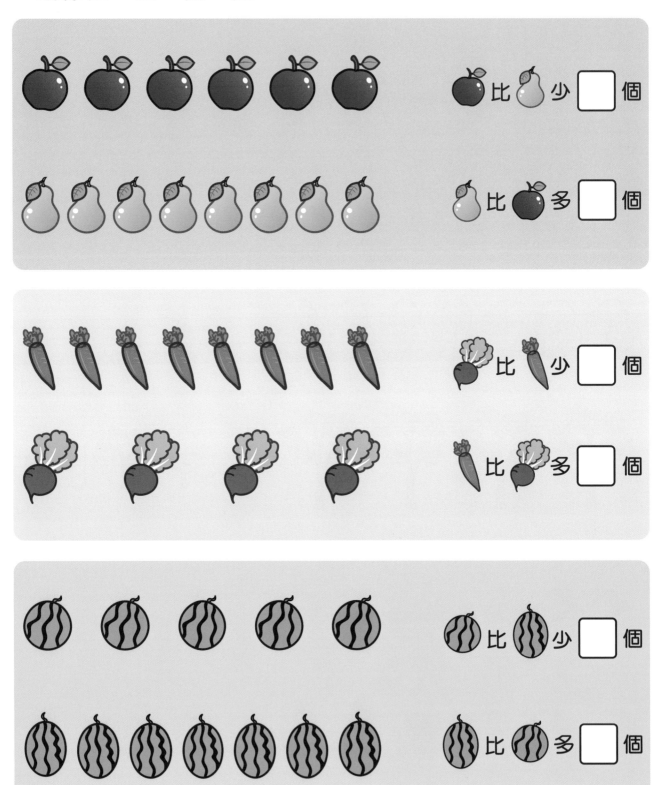

🍎比🍐少 □ 個

🍐比🍎多 □ 個

🥕比🥕少 □ 個

🥕比🥕多 □ 個

🍉比🍉少 □ 個

🍉比🍉多 □ 個

▶ 請你仔細觀察下面的圖畫，然後選擇正確的答案，並在相應的圓圈裏加「√」。

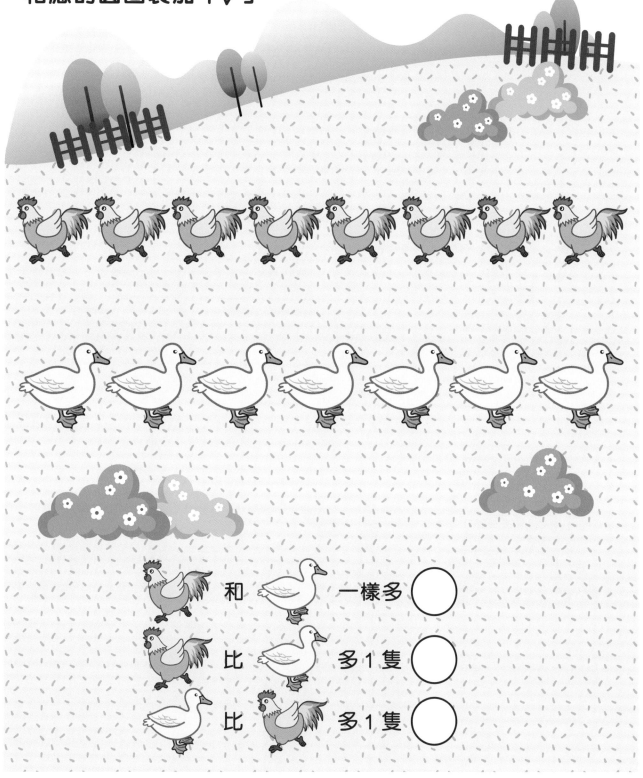

▶ 請你比一比，寫一寫。

 比  少（　）隻　　　 比  多（　）隻

 比  少（　）隻　　　圖畫裏一共有（　）隻小動物

▶ 請你比一比，寫一寫。

比 少（ ）隻　　　比 多（ ）隻

比 多（ ）隻　　　比 少（ ）隻

▶圖中的小朋友們在做戶外活動，請你看圖後按要求回答下面的問題。

玩 🛝 的比玩 🪜 的多 ☐ 人

玩 🪜 的比玩 🛝 的多 ☐ 人

圖畫裏一共有 ☐ 人

▶ 圖中的小朋友們在做戶外活動，請你看圖後按要求回答下面的問題。

玩 ⚽ 的比玩 🪢 的多 □ 人

玩 🪢 的比玩 🏸 的多 □ 人

圖畫裏一共有 □ 人

▶ 圖中的小動物們在做戶外活動，請你看圖後按要求回答下面的問題。

比 🐕 多（　）隻　　🐰 比 🐕 多（　）隻

比 🐰 少（　）隻　　圖畫裏一共有（　）隻小動物

▶ 請你仔細觀察下面的畫面，然後想一想，3 隻小貓哪隻能先吃到小魚，就把牠圈起來。

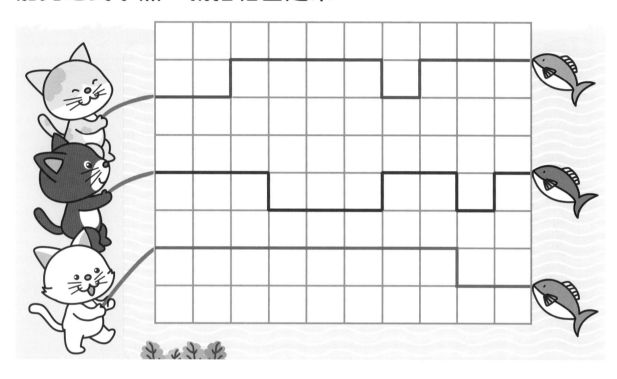

▶ 請你仔細觀察下面的畫面，然後想一想，3 隻小猴子哪隻能先吃到桃子，就把牠圈起來。

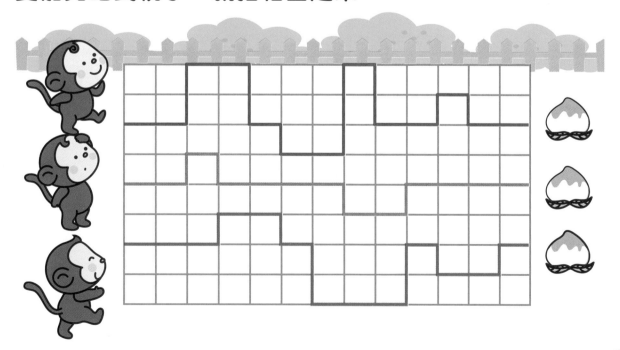

▶ 請你仔細觀察下面的畫面，然後想一想，4 隻小兔子哪隻能先吃到紅蘿蔔，就把牠圈起來。

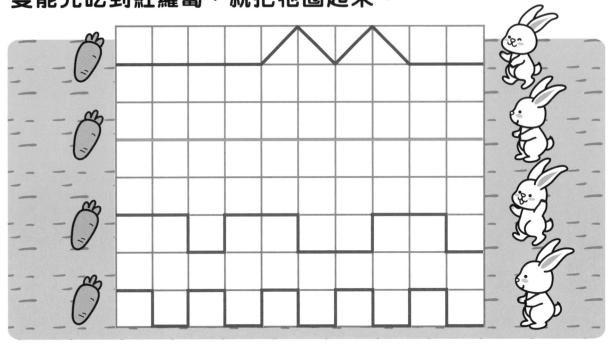

▶ 請你仔細觀察下面的畫面，然後想一想，4 隻熊貓哪隻能先吃到竹筍，就把牠圈起來。

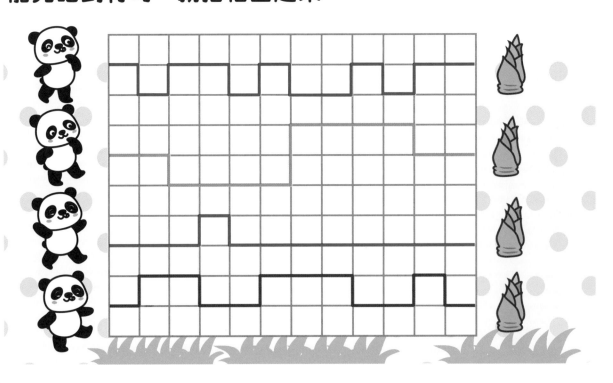

▶ 請你比一比哪隻小動物手裏的繩子最長，就在後面的圓圈裏加「√」；哪隻小動物手裏的繩子最短，就在後面的圓圈裏加「✗」。

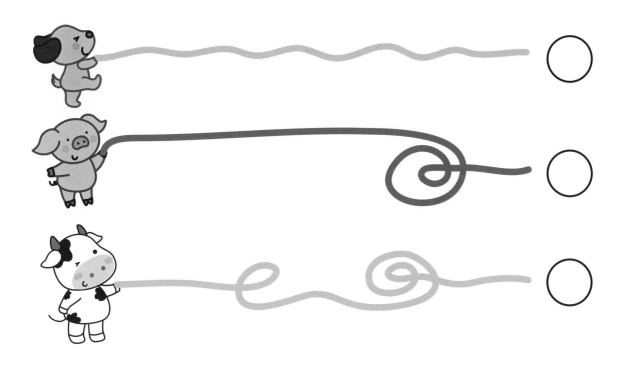

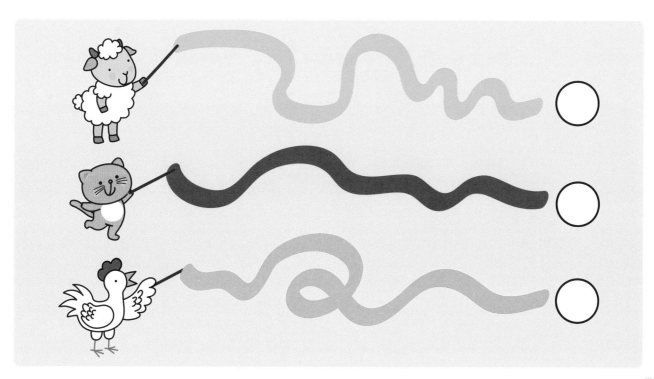

▶ 請你按照最長的圍巾給最高的小動物戴上，最短的圍巾給最矮的小動物戴上的順序，把圍巾和小動物連起來。

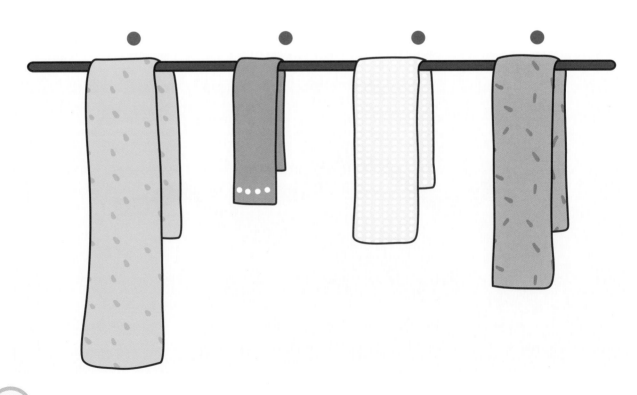

▶ 請你按照下面的要求，分別把正確的答案圈起來，並將正確答案寫在相應的格子裏。

大馬高2米，小馬高1米，大馬比小馬高幾米？

☐ 米

3　　1　　2

梅花鹿高2米，長頸鹿高5米，梅花鹿比長頸鹿矮幾米？

☐ 米

2　　3　　1

▶ **請你按照下面的要求，把正確答案填寫在相應的格子裏。**

大駱駝高3米，小駱駝高2米，
大駱駝比小駱駝高幾米？

☐ 米

天鵝高4米，仙鶴高2米，
仙鶴比天鵝矮幾米？

☐ 米

▶ 請你按照下面的要求回答問題。

★ 請你在格子裏，按照從左到右的順序，填上數字1至5。

★ 請你從左邊數一數，看一看哪隻小動物排在第3，就把牠圈起來。

★ 請你從左邊數一數，小豬前面有＿＿＿ 隻小動物，牠後面有＿＿＿隻小動物。

★ 請你從右邊數一數，看一看哪隻小動物排在第4，就把牠圈起來。

★ 請你數一數，海裏的動物一共有＿＿＿ 隻。

★ 請你從右邊數一數，鯨魚排第＿＿＿。

★ 請你從左邊數一數，小魚排第＿＿＿。

★ 請你把從左邊數的第4隻小動物圈起來。

▶ 請你按照下面的要求回答問題，並在相應的格子裏寫出算式。

大樹左邊有 **2** 隻 ，

大樹右邊有 **1** 隻 ，

一共有 **3** 隻 。

2 ⊕ **1** = **3** 隻

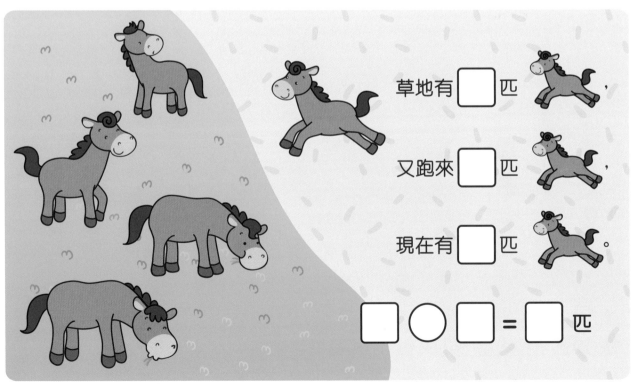

草地有 ☐ 匹 ，

又跑來 ☐ 匹 ，

現在有 ☐ 匹 。

☐ ◯ ☐ = ☐ 匹

▶ 請你看圖玩遊戲，在相應的格子裏寫出加法算式。

▶ 請你看圖玩遊戲，在相應的格子裏寫出加法算式。

$\square \bigcirc \square = \square$ 個

$\square \bigcirc \square = \square$ 座

$\square \bigcirc \square = \square$ 個

▶ 請你看圖玩遊戲，在相應的格子裏寫出加法算式。

□ ○ □ = □ 個

□ ○ □ = □ 個

□ ○ □ = □ 個

▶ 請你看圖玩遊戲,在相應的格子裏寫出2道加法算式。

方法一 $1 + 2 = 3$ 隻

方法二 $2 + 1 = 3$ 隻

方法一 □ ○ □ = □ 隻

方法二 □ ○ □ = □ 隻

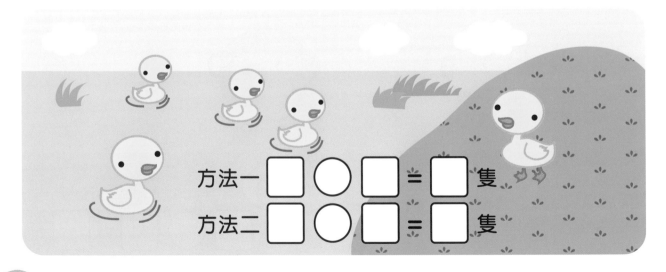

方法一 □ ○ □ = □ 隻

方法二 □ ○ □ = □ 隻

▶請你看圖玩遊戲，在相應的格子裏寫出2道加法算式。

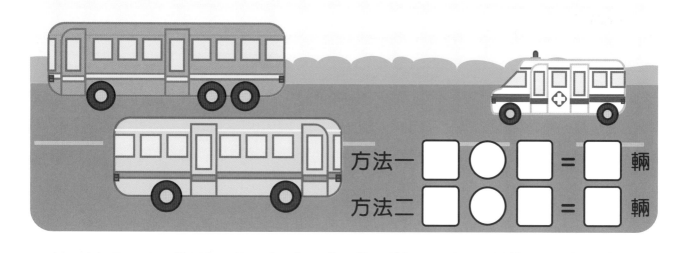

方法一 ☐ ◯ ☐ = ☐ 輛
方法二 ☐ ◯ ☐ = ☐ 輛

方法一 ☐ ◯ ☐ = ☐ 輛
方法二 ☐ ◯ ☐ = ☐ 輛

方法一 ☐ ◯ ☐ = ☐ 輛
方法二 ☐ ◯ ☐ = ☐ 輛

▶ 請你看圖算一算。

▶ 請你看圖算一算。

🐰 =3　🐱 =4　🐶 =1　🐵 =2

🐰 ＋ 🐶 ＝ ☐　　🐰 ＋ 🐵 ＝ ☐

🐱 ＋ 🐶 ＝ ☐　　🐵 ＋ 🐶 ＝ ☐

🦌 =4　🦓 =3　🐘 =2　🐻 =1

🦌 ＋ 🐻 ＝ ☐　　🦓 ＋ 🐘 ＝ ☐

🐻 ＋ 🦓 ＝ ☐　　🐘 ＋ 🐻 ＝ ☐

▶ 請你按照下面的要求回答問題，並在相應的格子裏寫出算式。

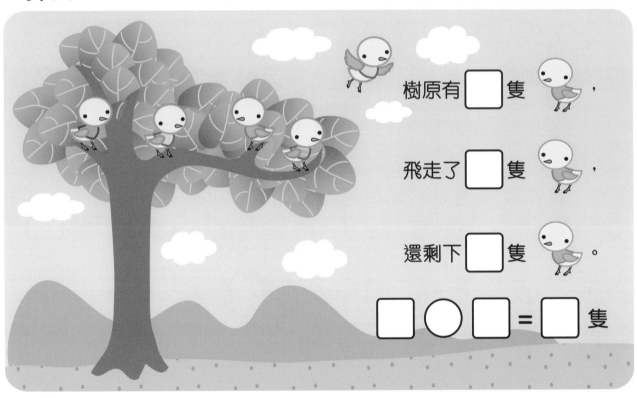

樹原有 ☐ 隻，

飛走了 ☐ 隻，

還剩下 ☐ 隻。

☐ ○ ☐ = ☐ 隻

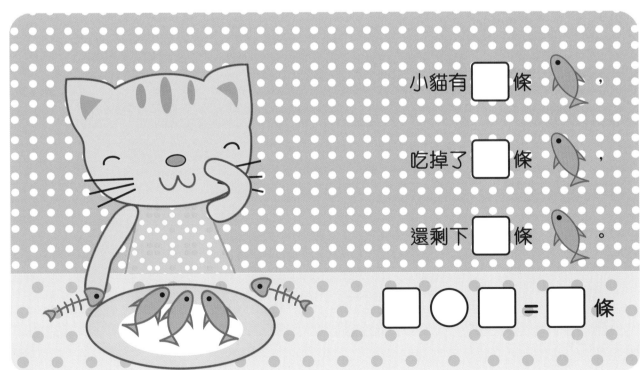

小貓有 ☐ 條，

吃掉了 ☐ 條，

還剩下 ☐ 條。

☐ ○ ☐ = ☐ 條

▶ 請你看圖玩遊戲，在相應的格子裏寫出減法算式。

▶ 請你看圖玩遊戲，在相應的格子裏寫出減法算式。

$\square \bigcirc \square = \square$ 個

$\square \bigcirc \square = \square$ 輛

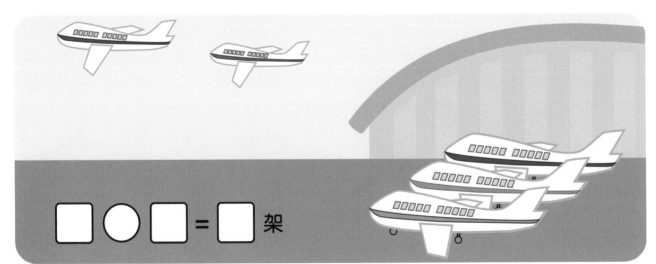

$\square \bigcirc \square = \square$ 架

▶ 請你看圖玩遊戲，在相應的格子裏寫出減法算式。

□○□＝□ 個

□○□＝□ 個

□○□＝□ 塊

▶ 請你看圖玩遊戲，在相應的格子裏寫出減法算式。

▶ 請你看圖玩遊戲，在相應的格子裏寫出減法算式。

□ ○ □ = □ 個

□ ○ □ = □ 條

□ ○ □ = □ 個

▶ 盤子裏原本分別有5塊蛋糕、5個蘋果及5根骨頭,請你看一看、想一想,小狗吃了多少?牠還剩多少?

原有 ☐ 塊,　　原有 ☐ 個,　　原有 ☐ 根,

吃了 ☐ 塊,　　吃了 ☐ 個,　　吃了 ☐ 根,

還剩 ☐ 塊。　　還剩 ☐ 個。　　還剩 ☐ 根。

▶每隻小豬有 4 個菠蘿，請你看一看，牠們都吃了幾個菠蘿，還剩幾個菠蘿？

原有 ☐ 個，

吃了 ☐ 個，

還剩 ☐ 個。

原有 ☐ 個，

吃了 ☐ 個，

還剩 ☐ 個。

原有 ☐ 個，

吃了 ☐ 個，

還剩 ☐ 個。

▶每隻小貓有5條小魚,請你看一看,牠們分別吃了幾條小魚,還剩幾條小魚?

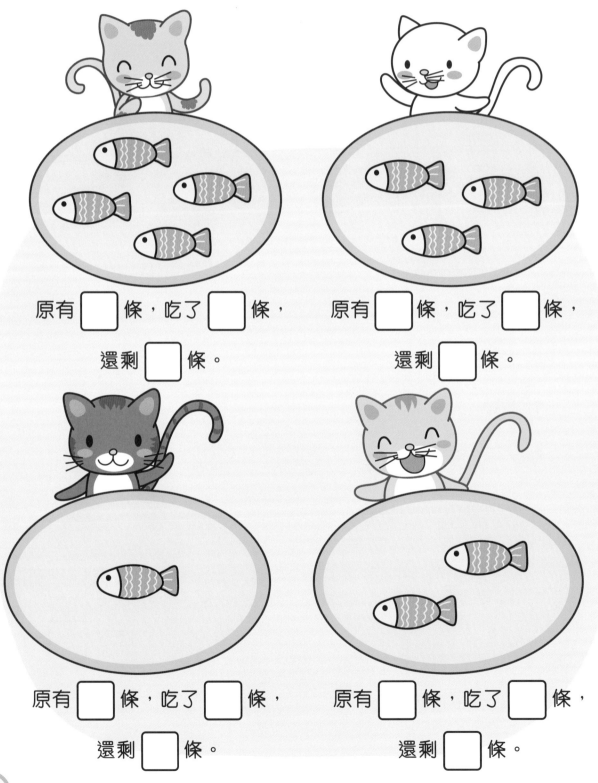

原有 ☐ 條,吃了 ☐ 條,

還剩 ☐ 條。

原有 ☐ 條,吃了 ☐ 條,

還剩 ☐ 條。

原有 ☐ 條,吃了 ☐ 條,

還剩 ☐ 條。

原有 ☐ 條,吃了 ☐ 條,

還剩 ☐ 條。

▶ 請你看圖玩遊戲，在相應的格子裏寫出2道加法算式和2道減法算式。

$2 + 1 = 3$ 條
$1 + 2 = 3$ 條
$3 - 2 = 1$ 條
$3 - 1 = 2$ 條

$\square \bigcirc \square = \square$ 隻
$\square \bigcirc \square = \square$ 隻
$\square \bigcirc \square = \square$ 隻
$\square \bigcirc \square = \square$ 隻

▶ 請你看圖玩遊戲,在相應的格子裏寫出2道加法算式和
2道減法算式。

▶ 請你看圖玩遊戲，在相應的格子裏寫出加法算式。

$\square \bigcirc \square = \square$ 隻

$\square \bigcirc \square = \square$ 隻

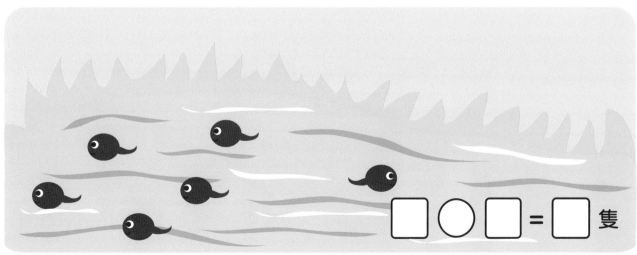

$\square \bigcirc \square = \square$ 隻

▶請你看圖玩遊戲，在相應的格子裏寫出加法算式。

$\square \bigcirc \square = \square$ 隻

$\square \bigcirc \square = \square$ 隻

$\square \bigcirc \square = \square$ 隻

▶ 請你看圖玩遊戲，在相應的格子裏寫出加法算式。

☐ ◯ ☐ = ☐ 隻

☐ ◯ ☐ = ☐ 隻

☐ ◯ ☐ = ☐ 匹

▶ 請你看圖玩遊戲，在相應的格子裏寫出2道加法算式。

方法一 □ ○ □ = □ 個
方法二 □ ○ □ = □ 個

方法一 □ ○ □ = □ 個
方法二 □ ○ □ = □ 個

方法一 □ ○ □ = □ 筐
方法二 □ ○ □ = □ 筐

▶ 請你看圖玩遊戲，在相應的格子裏寫出2道加法算式。

方法一 □ ○ □ = □ 隻

方法二 □ ○ □ = □ 隻

方法一 □ ○ □ = □ 條

方法二 □ ○ □ = □ 條

方法一 □ ○ □ = □ 塊

方法二 □ ○ □ = □ 塊

▶ 請你看圖玩遊戲，在相應的格子裏寫出2道加法算式。

方法一 ☐ ◯ ☐ = ☐ 隻

方法二 ☐ ◯ ☐ = ☐ 隻

方法一 ☐ ◯ ☐ = ☐ 隻

方法二 ☐ ◯ ☐ = ☐ 隻

方法一 ☐ ◯ ☐ = ☐ 隻

方法二 ☐ ◯ ☐ = ☐ 隻

▶請你看圖玩遊戲，在相應的格子裏寫出2道加法算式。

方法一 □ ○ □ ＝ □ 隻

方法二 □ ○ □ ＝ □ 隻

方法一 □ ○ □ ＝ □ 頭

方法二 □ ○ □ ＝ □ 頭

方法一 □ ○ □ ＝ □ 隻

方法二 □ ○ □ ＝ □ 隻

▶ 請你看圖玩遊戲，在相應的格子裏寫出2道加法算式。

方法一 □ ○ □ = □ 匹

方法二 □ ○ □ = □ 匹

方法一 □ ○ □ = □ 隻

方法二 □ ○ □ = □ 隻

方法一 □ ○ □ = □ 隻

方法二 □ ○ □ = □ 隻

▶ 請你看圖玩遊戲，在相應的格子裏寫出2道加法算式。

方法一 □ ○ □ = □ 隻

方法二 □ ○ □ = □ 隻

方法一 □ ○ □ = □ 隻

方法二 □ ○ □ = □ 隻

方法一 □ ○ □ = □ 頭

方法二 □ ○ □ = □ 頭

▶ 請你看圖玩遊戲，並在相應的格子裏寫出減法算式。

□ ○ □ = □ 個

□ ○ □ = □ 個

□ ○ □ = □ 塊

▶ 請你看圖玩遊戲，在相應的格子裏寫出減法算式。

□ ○ □ = □ 條

□ ○ □ = □ 個

□ ○ □ = □ 個

▶ 請你看圖玩遊戲，在相應的格子裏寫出減法算式。

☐ ◯ ☐ = ☐ 個

☐ ◯ ☐ = ☐ 個

☐ ◯ ☐ = ☐ 條

▶ 請你看圖玩遊戲，在相應的格子裏寫出減法算式。

▶ 請你看圖玩遊戲，在相應的格子裏寫出減法算式。

□ ○ □ = □ 條

□ ○ □ = □ 隻

□ ○ □ = □ 根

▶ 請你看圖玩遊戲，在相應的格子裏寫出減法算式。

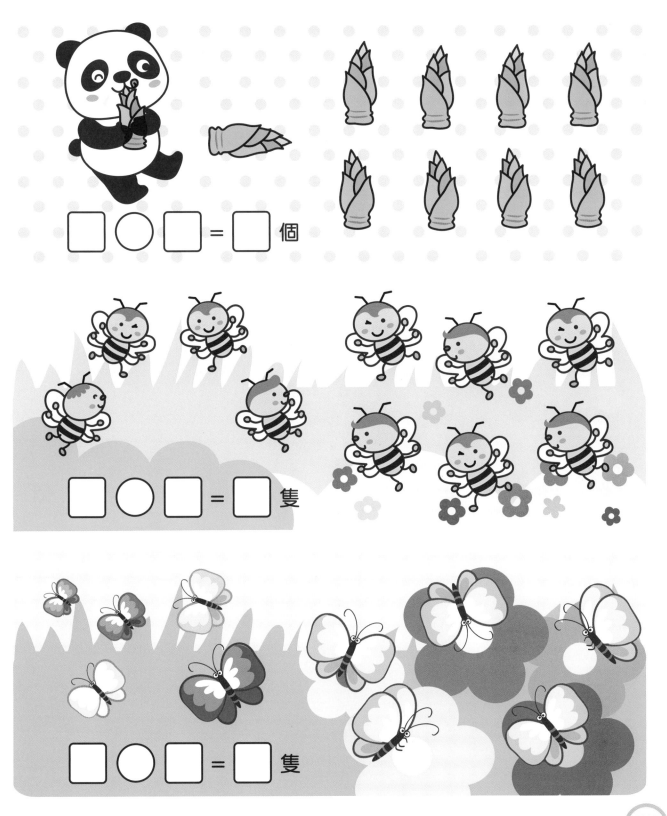

▶ **請你看圖玩遊戲,在相應的格子裏寫出減法算式。**

□ ○ □ = □ 隻

□ ○ □ = □ 個

□ ○ □ = □ 個

▶ 請你看圖玩遊戲，在相應的格子裏寫出減法算式。

□ ○ □ = □ 個

□ ○ □ = □ 個

□ ○ □ = □ 個

▶ 請你看圖玩遊戲,在相應的格子裏寫出減法算式。

$$\square \bigcirc \square = \square \text{ 個}$$

$$\square \bigcirc \square = \square \text{ 個}$$

$$\square \bigcirc \square = \square \text{ 個}$$

▶ 請你看圖玩遊戲，在相應的格子裏寫出減法算式。

▶ 請你看圖玩遊戲,在相應的格子裏寫出減法算式。

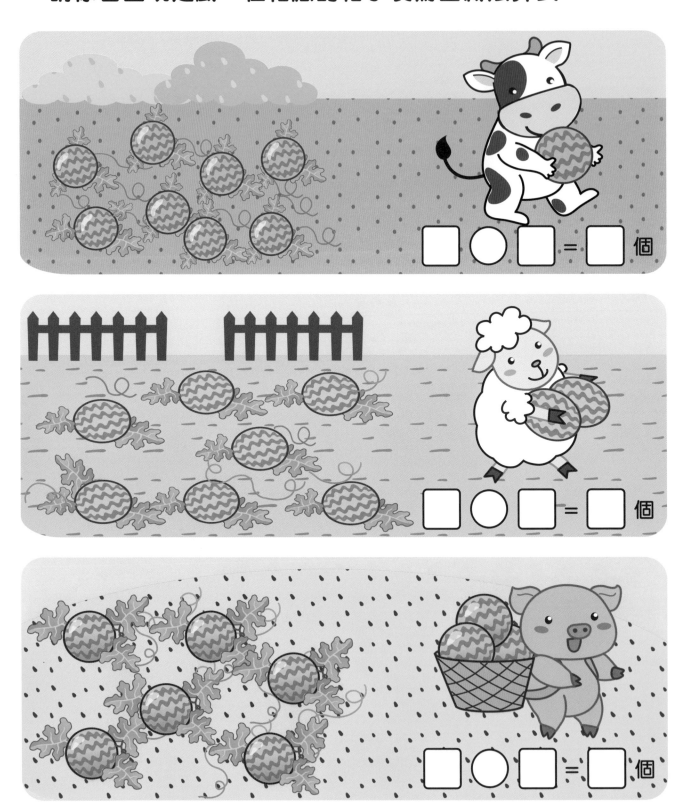

▶ **請你看圖玩遊戲，在相應的格子裏寫出減法算式。**

⬜ ◯ ⬜ = ⬜ 個

⬜ ◯ ⬜ = ⬜ 個

⬜ ◯ ⬜ = ⬜ 個

▶ **請你看圖玩遊戲，在相應的格子裏寫出減法算式。**

▶ 請你看圖玩遊戲，在相應的格子裏寫出1道加法算式和1道減法算式。

9

$3 + 6 = 9$ 隻

$9 - 6 = 3$ 隻

9

$\square \bigcirc \square = \square$ 隻

$\square \bigcirc \square = \square$ 隻

9

$\square \bigcirc \square = \square$ 隻

$\square \bigcirc \square = \square$ 隻

▶ 請你看圖玩遊戲，在相應的格子裏寫出1道加法算式和1道減法算式。

▶ 請你看圖玩遊戲,在相應的格子裏寫出1道加法算式和1道減法算式。

▶ 請你看圖玩遊戲，在相應的格子裏寫出1道加法算式和1道減法算式。

▶ 請你看圖玩遊戲，在相應的格子裏寫出2道加法算式和2道減法算式。

▶ 請你看圖玩遊戲，在相應的格子裏寫出2道加法算式
和2道減法算式。

□ ○ □ = □ 個

□ ○ □ = □ 個

□ ○ □ = □ 個

□ ○ □ = □ 個

▶ 請你看圖玩遊戲，在相應的格子裏寫出2道加法算式
和2道減法算式。

▶ 請你看圖玩遊戲，在相應的格子裏寫出2道加法算式和2道減法算式。

☐ ○ ☐ = ☐ 個

☐ ○ ☐ = ☐ 個

☐ ○ ☐ = ☐ 個

☐ ○ ☐ = ☐ 個

▶ 請你看圖玩遊戲，在相應的格子裏寫出2道加法算式和2道減法算式。

▶ **請你按要求回答問題，並在相應的格子裏寫出算式。**

原來有9隻🐞，飛走了4隻🐞，還剩多少隻🐞？

$$\boxed{9} \ \bigcirc\kern-1.1em- \ \boxed{4} = \boxed{5} \ 個$$

每隻🐰吃1個🥕，還多2個🥕，一共有多少個🥕？

$$\boxed{} \ \bigcirc \ \boxed{} = \boxed{} \ 個$$

▶ 請你按要求回答問題，並在相應的格子裏寫出算式。

吃了3條 ，還剩6條 ，原來有多少條 ？

□ ○ □ = □ 條

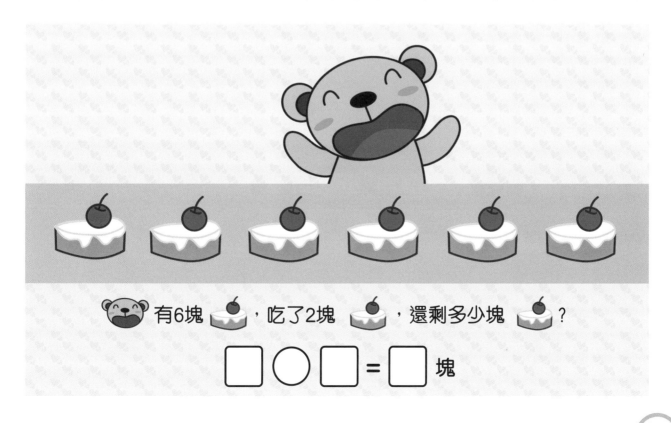

有6塊 ，吃了2塊 ，還剩多少塊 ？

□ ○ □ = □ 塊

▶ **請你按要求回答問題，在相應的格子裏寫出算式。**

和 共10隻， 有3隻， 有多少隻？

☐ ◯ ☐ = ☐ 隻

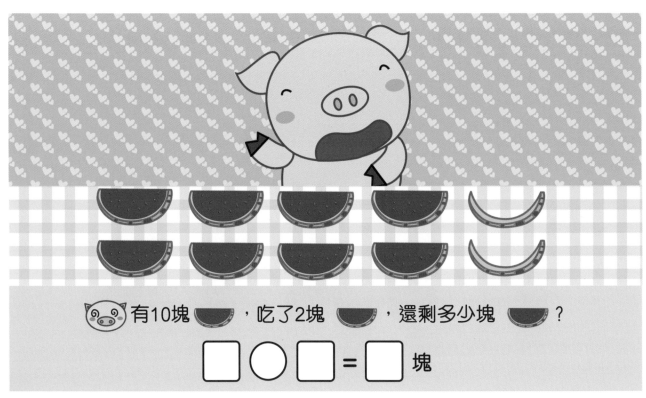

有10塊 ，吃了2塊 ，還剩多少塊 ？

☐ ◯ ☐ = ☐ 塊

▶ 請你按照下面的要求回答問題，並在相應的格子裏寫出算式。

和 共有幾隻？　□ ○ □ ＝ □ 隻

和 共有幾隻？　□ ○ □ ＝ □ 隻

和 共有幾隻？　□ ○ □ ＝ □ 隻

▶ 請你按照下面的要求回答問題，並在相應的格子裏寫出算式

和 共有幾頭？ $\square \bigcirc \square = \square$ 頭

走了3隻後，還剩幾隻？ $\square \bigcirc \square = \square$ 隻

走了4隻，原來有幾隻？ $\square \bigcirc \square = \square$ 隻

▶ 請你按照下面的要求回答問題，並在相應的格子裏寫出算式。

和 🪰 共有幾隻？ ☐ ◯ ☐ = ☐ 隻

🪰 再多幾隻就有10隻？ ☐ ◯ ☐ = ☐ 隻

🐢 和 🦆 共有幾隻？ ☐ ◯ ☐ = ☐ 隻

🐟 再多幾條就有10條？ ☐ ◯ ☐ = ☐ 條

▶ 請你按照下面的要求回答問題，並在相應的格子裏寫出算式

和 共有幾隻？ ☐ ○ ☐ = ☐ 隻

和 共有幾隻？ ☐ ○ ☐ = ☐ 隻

比 少幾隻？ ☐ ○ ☐ = ☐ 隻

和 共有幾隻？ ☐ ○ ☐ = ☐ 隻

答案

練習1

練習2

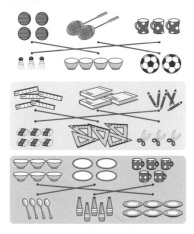

練習3

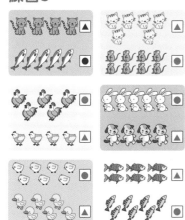

練習4

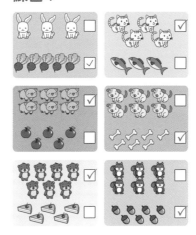

練習5
第2題：少3棵，多3棵
第3題：少1個，多1個

練習6
第1題：少2個，多2個
第2題：少4個，多4個
第3題：少2個，多2個

練習7

練習8
第1題：少2隻
第2題：多1隻
第3題：少1隻
第4題：9隻

練習9
第1題：少1隻
第2題：多1隻
第3題：多3隻
第4題：少3隻

練習10
第1題：多2人
第2題：多1人
第3題：10人

練習11
第1題：多2人
第2題：多1人
第3題：10人

練習12
第1題：多1隻
第2題：多2隻
第3題：少1隻
第4題：9隻

練習11
第1題：多2人
第2題：多1人
第3題：10人

練習12
第1題：多1隻
第2題：多2隻
第3題：少1隻
第4題：9隻

練習13
第1題：圈起第3隻小貓
第2題：圈起中間的猴子

練習14
第1題：圈起第2隻小兔
第2題：圈起第3隻熊貓

練習15

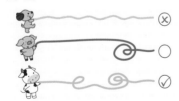

練習16

練習17

練習18
第1題：1米
第2題：2米

練習19

練習20

練習21
第1題：2 + 2 = 4隻
第2題：2 + 1 = 3隻
第3題：2 + 3 = 5隻

練習22
第1題：1 + 3 = 4個
第2題：2 + 1 = 3座
第3題：4 + 1 = 5個

練習23
第1題：1 + 2 = 3個
第2題：2 + 2 = 4個
第3題：3 + 2 = 5個

練習24
第2題：
方法一 2 + 3 = 5隻
方法二 3 + 2 = 5隻
第3題：
方法一 4 + 1 = 5隻
方法二 1 + 4 = 5隻

練習25
第1題：
方法一 2 + 1 = 3輛
方法二 1 + 2 = 3輛
第2題：
方法一 4 + 1 = 5輛
方法二 1 + 4 = 5輛
第3題：
方法一 3 + 2 = 5輛
方法二 2 + 3 = 5輛

練習26

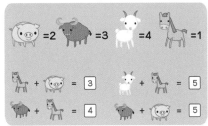

練習27

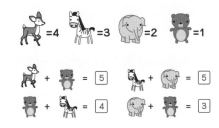

練習28

練習29
第1題：3 - 1 = 2隻
第2題：5 - 3 = 2隻
第3題：5 - 2 = 3個

練習30
第1題：5 - 2 = 3個
第2題：4 - 2 = 2輛
第3題：5 - 2 = 3架

練習31
第1題：4 - 2 = 2個
第2題：5 - 3 = 2個
第3題：3 - 2 = 1塊

練習32
第1題：5 - 1 = 4隻
第2題：5 - 2 = 3隻
第3題：5 - 3 = 2隻

練習33
第1題：5 - 2 = 3個
第2題：5 - 3 = 2條
第3題：5 - 1 = 4個

練習34

練習35

練習36

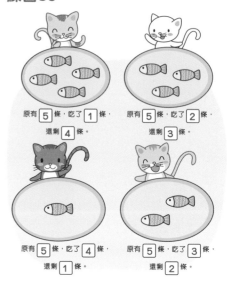

練習37
1 + 3 = 4隻
3 + 1 = 4隻
4 - 3 = 1隻
4 - 1 = 3隻

練習38
3 + 2 = 5條
2 + 3 = 5條
5 - 3 = 2條
5 - 2 = 3條

練習39
第1題：3 + 3 = 6隻
第2題：4 + 2 = 6隻
第3題：5 + 1 = 6隻

練習40
第1題：2 + 5 = 7隻
第2題：3 + 4 = 7隻
第3題：4 + 3 = 7隻

練習41

第1題：4 + 4 = 8隻

第2題：3 + 5 = 8隻

第3題：2 + 6 = 8匹

練習42

第1題：

方法一 4 + 2 = 6個

方法二 2 + 4 = 6個

第2題：

方法一 1 + 5 = 6個

方法二 5 + 1 = 6個

第3題：

方法一 4 + 3 = 7筐

方法二 3 + 4 = 7筐

練習43

第1題：

方法一 2 + 5 = 7隻

方法二 5 + 2 = 7隻

第2題：

方法一 6 + 1 = 7條

方法二 1 + 6 = 7條

第3題：

方法一 3 + 4 = 7塊

方法二 4 + 3 = 7塊

練習44

第1題：

方法一 3 + 5 = 8隻

方法二 5 + 3 = 8隻

第2題：

方法一 4 + 5 = 9隻

方法二 5 + 4 = 9隻

第3題：

方法一 2 + 7 = 9隻

方法二 7 + 2 = 9隻

練習45

第1題：

方法一 3 + 5 = 8隻

方法二 5 + 3 = 8隻

第2題：

方法一 2 + 5 = 7頭

方法二 5 + 2 = 7頭

第3題：

方法一 7 + 2 = 9隻

方法二 2 + 7 = 9隻

練習46

第1題：

方法一 8 + 2 = 10匹

方法二 2 + 8 = 10匹

第2題：

方法一 6 + 4 = 10隻

方法二 4 + 6 = 10隻

第3題：

方法一 3 + 7 = 10隻

方法二 7 + 3 = 10隻

練習47

第1題：

方法一 1 + 8 = 9隻

方法二 8 + 1 = 9隻

第2題：

方法一 4 + 6 = 10隻

方法二 6 + 4 = 10隻

第3題：

方法一 7 + 3 = 10頭

方法二 3 + 7 = 10頭

練習48

第1題：9 - 1 = 8個

第2題：9 - 5 = 4個

第3題：9 - 3 = 6塊

練習49

第1題：10 - 3 = 7條

第2題：10 - 4 = 6個

第3題：10 - 2 = 8個

練習50

第1題：6 - 2 = 4個

第2題：6 - 3 = 3個

第3題：6 - 3 = 3條

練習51
第1題：7 - 2 = 5個
第2題：7 - 3 = 4塊
第3題：7 - 2 = 5塊

練習52
第1題：8 - 3 = 5條
第2題：8 - 4 = 4隻
第3題：7 - 1 = 6根

練習53
第1題：10 - 2 = 8個
第2題：10 - 4 = 6隻
第3題：10 - 5 = 5隻

練習54
第1題：10 - 3 = 7隻
第2題：10 - 2 = 8個
第3題：10 - 1 = 9個

練習55
第1題：6 - 2 = 4個
第2題：6 - 1 = 5個
第3題：7 - 1 = 6個

練習56
第1題：7 - 2 = 5個
第2題：10 - 3 = 7個
第3題：8 - 2 = 6個

練習57
第1題：8 - 3 = 5隻
第2題：8 - 1 = 7隻
第3題：8 - 2 = 6棵

練習58
第1題：9 - 1 = 8個
第2題：9 - 2 = 7個
第3題：9 - 3 = 6個

練習59
第1題：9 - 4 = 5個
第2題：10 - 1 = 9個
第3題：10 - 2 = 8個

練習60
第1題：10 - 3 = 7個
第2題：10 - 4 = 6個
第3題：8 - 2 = 6個

練習61
第2題：
5 + 4 = 9隻
9 - 4 = 5隻
第3題：
4 + 5 = 9隻
9 - 5 = 4隻

練習62
第1題：
8 + 1 = 9隻
9 - 1 = 8隻
第2題：
5 + 4 = 9隻
9 - 4 = 5隻
第3題：
6 + 3 = 9頭
9 - 3 = 6頭

練習63
第1題：
8 + 2 = 10個
10 - 2 = 8個
第2題：
5 + 5 = 10個
10 - 5 = 5個
第3題：
6 + 4 = 10個
10 - 4 = 6個

練習64
第1題：
5 + 5 = 10隻
10 - 5 = 5隻
第2題：
7 + 3 = 10隻
10 - 3 = 7隻
第3題：
3 + 7 = 10隻
10 - 7 = 3隻

練習65
1 + 5 = 6個
5 + 1 = 6個
6 - 1 = 5個
6 - 5 = 1個

練習66
4 + 2 = 6個
2 + 4 = 6個
6 - 2 = 4個
6 - 4 = 2個

練習67
5 + 3 = 8個
3 + 5 = 8個
8 - 3 = 5個
8 - 5 = 3個

練習68
4 + 5 = 9個
5 + 4 = 9個
9 - 4 = 5個
9 - 5 = 4個

練習69
9 + 1 = 10個
1 + 9 = 10個
10 - 9 = 1個
10 - 1 = 9個

練習70
4 + 2 = 6個

練習71
第1題：3 + 6 = 9條
第2題：6 - 2 = 4塊

練習72
第1題：10 - 3 = 7隻
第2題：10 - 2 = 8塊

練習73
第1題：2 + 6 = 8隻
第2題：6 + 2 = 8隻
第3題：2 + 7 = 9隻

練習74
第1題：3 + 6 = 9頭
第2題：9 - 3 = 6隻
第3題：5 + 4 = 9隻

練習75
第1題：7 + 3 = 10隻
第2題：10 - 3 = 7隻
第3題：3 + 7 = 10隻
第4題：10 - 9 = 1條

練習76
第1題：4 + 3 = 7隻
第2題：6 + 3 = 9隻
第3題：6 - 4 = 2隻
第4題：6 + 4 = 10隻

幼稚園數學看圖學加減法①

作　　者：何秋光
責任編輯：黃偲雅
美術設計：郭中文、徐嘉裕
出　　版：新雅文化事業有限公司
　　　　　香港英皇道 499 號北角工業大廈 18 樓
　　　　　電話：(852) 2138 7998
　　　　　傳真：(852) 2597 4003
　　　　　網址：http://www.sunya.com.hk
　　　　　電郵：marketing@sunya.com.hk
發　　行：香港聯合書刊物流有限公司
　　　　　香港荃灣德士古道220-248號荃灣工業中心16樓
　　　　　電話：(852) 2150 2100
　　　　　傳真：(852) 2407 3062
　　　　　電郵：info@suplogistics.com.hk
印　　刷：中華商務彩色印刷有限公司
　　　　　香港新界大埔汀麗路36號
版　　次：二〇二四年七月初版

原書名：《何秋光思維訓練·學前數學準備系列：看圖學加減法遊戲①》
何秋光 著
中文繁體字版 ©《何秋光思維訓練·學前數學準備系列：看圖學加減法遊戲①》
由接力出版社有限公司正式授權出版發行，非經接力出版社有限公司書面同意，
不得以任何形式任意重印、轉載。

ISBN：978-962-08-8430-6